神奇的新能源

寻找新能源

郑永春　主编

中国科学院广州能源研究所　徐莹　审定

南宁市金号角文化传播有限责任公司　绘

GEP 广西教育出版社

南宁

神奇的新能源
编委会

（排序不分先后）

新能源，新希望

——写给孩子们的新能源科普绘本

20世纪六七十年代，“人类终将面临能源危机”的论调十分流行。那时，作为“工业血液”的石油，是人类最主要的能源之一。而石油的形成至少需要两百万年的时间。有科学家预测，在不久的将来，石油会消耗殆尽。然而，半个世纪过去了，当时预测的能源危机并没有到来，这其中，科技进步带来的新能源及传统能源的新发现起到了不可估量的作用。

一、传统能源的新发现。传统能源包括煤、石油和天然气等。随着科技的发展，人们发现，除曾被世界公认为石油产量最高的中东地区外，在南美洲、北极和许多海域的海底均发现了新的大油田。而且，除了油田，有些岩石里面也藏着石油（页岩油）。美国因为页岩油的发现，从石油进口国变成了出口国。与此同时，俄罗斯、中国等国也发现了千亿立方米级的天然气田，天然气已然成为重要的能源之一。

二、新能源的开发。随着科技的发展，人们发现了一些不同于传统能源的新能源。科学家在海底发现了一种可以燃烧的“冰”（天然气水合物），这种保存在深海低温环境下的天然气水合物一旦开采成功，可为人类提供大量的能源。氢是自然界最丰富的元素之一，氢能作为一种清洁能源，有望消除矿物经济所造成的弊端，进而发展一种新的经济体系。核电站利用原子核裂变释放的能量进行发电，清洁高效，可以大大降低碳排放量；但核电站也面临铀矿资源枯竭和核燃料废弃物处理及辐射防护等问题，给社会长远发展带来一定的风险。除已成熟的核裂变发电技术外，人类还在积极开发像太阳那样的核聚变反应技术，绿色无污染的可控核聚变能将为解决人类能源危机提供终极方案。

三、可再生能源的利用。可再生能源包括我们熟悉的太阳能、风能、水能、生物质能、地热能等。一些自然条件比较恶劣的地区，如中国西北的戈壁荒漠地区，往往是风能和太阳能资源丰富的地方，在这些地区进行风力和太阳能发电，有助于发展当地经济、提高人们生活水平。在房子的阳台和屋顶，可以安装太阳能发电装置和太阳能热水器，供家庭使用。大海不仅为人类提供优质的海产品，还蕴藏着丰富的能源：海上的风、海面的波浪、海边的潮汐都可以用来发电。地球上的植物利用太阳光进行光合作用，茁壮生长。每到秋天，森林里会有大量的枯枝落叶，田间地头堆积着大量的秸秆、玉米芯、稻壳等农林废弃物，这些被称为生物质的东西通常会被烧掉，不仅污染空气，还会造成资源的浪费。现在，科学家正在将这些生物质变废为宝，生产酒精、柴油、航空燃油以及诸多化学品等。

四、储能技术与节能减排。除开发新能源和新技术外，能源的高效储存、节能减排和能源的综合利用也一样重要。在现代生活中，计算机等行业已经成为耗能大户，然而，计算机在运行时，大量的能源消耗并没有用于计算，而是变成了热量；与此同时，需要耗电为计算机降温。科学家正在研发新的计算技术，让计算机产生的热量大大减少。我们可以提升房屋的保温性能，以减少采暖和空调用电；可以将白炽灯换为节能灯；也可以将垃圾分类进行回收利用，践行绿色低碳的生活方式。

总之，对于未来能源，我们持乐观态度。这套新能源主题的科普彩绘图书，就是专门写给孩子们的，内容包括太阳能、风能、水能、核能、地热能、可燃冰、生物质能、氢能等。我们希望通过这套图书，告诉孩子们为什么要发展新能源，新能源的开发和利用的现状如何，未来还面临着哪些问题。

希望孩子们学习新能源的科学知识，从小养成节约能源的习惯，为保护地球做出贡献。因为，我们只有一个地球。

郑永春　徐莹

2020 年 10 月

目录

有趣的人体能

人体能是一种生物能，是人体散发的能量，是最早被人类开发应用的自然能源，主要由人体热能和人体机械能组成。在能源日益紧张的今天，能源问题空前突出，如能更好地利用人体能，可在一定程度上缓解能源紧张的问题哦！

人体热能是从吃进嘴里的食物获取的，也可通过注射营养液、葡萄糖来获得。人体散发出的热能因各人体质不同、状况不同而不同。

人体机械能由人体通过肢体活动，使肌肉中蕴藏的生物能转化而来。肢体活动的表现形式为走路、劳作、咀嚼等各类活动。

人体热能的应用

人体热能的大部分能量是在维持各个器官运转以及人体运动的状态中散发出来的，通过建设特定的装置将这些能量进行收集利用，是人类应对全球能源危机的一种出路。下面的人体热能回收利用系统就是这样的尝试。

利用人体热能发电

温差电池的两端“感受”到的温度不一样时，内部就会产生微电流，可以应用在航天器、微电子工业等领域。

利用温差电池能将人体热能直接转化成电能，作为手表、手机等的电源。

温差电池

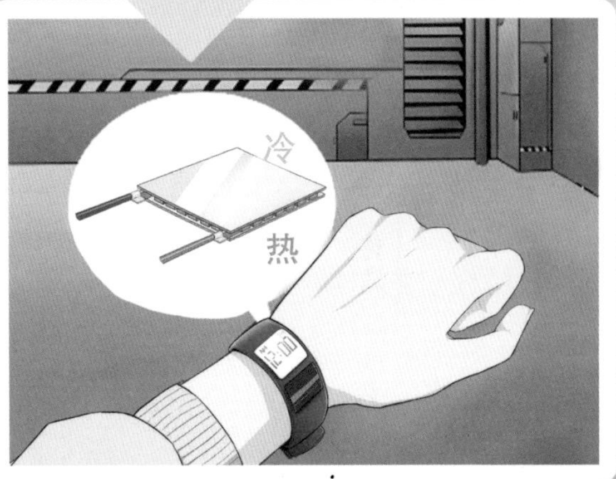

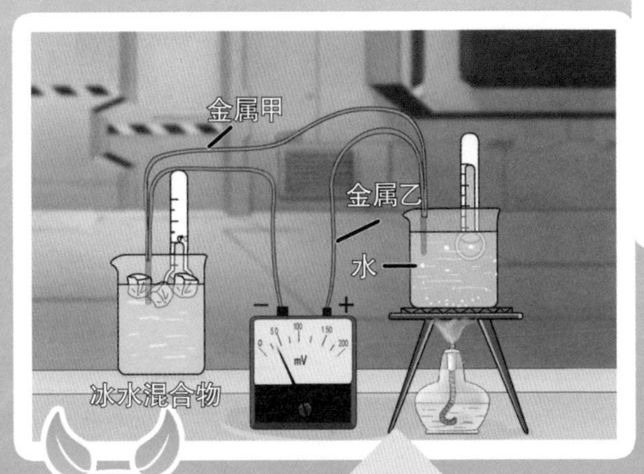

1821 年，科学家塞贝克在进行科学实验时发现，把两种不同的金属导体接成闭合电路时，如果把电路的两个接点分别置于温度不同的两个环境中，电路中就会有电流产生，这种现象被称为塞贝克效应，是温差电池的主要原理。

塞贝克效应

扫一扫，一起来了解塞贝克效应吧！

你知道吗

● 一个重 50 千克的人，一昼夜约消耗热量 10^7 焦。如果把这些热量收集起来，可以将约 50 千克的水从 0℃加热到 50℃。

人体机械能的应用

上至年迈的老人，下至蹒跚学步的幼童，其身上的人体机械能都可被开发利用。可以说，地球 70 亿人就是 70 亿台“天然发动机”。

木牛流马

独轮车是一种以人力推动的小型运载工具，俗称“手推车”。传说三国时期诸葛亮制造的“木牛流马”就是一种独轮木板车。它是对人体机械能的早期应用之一。

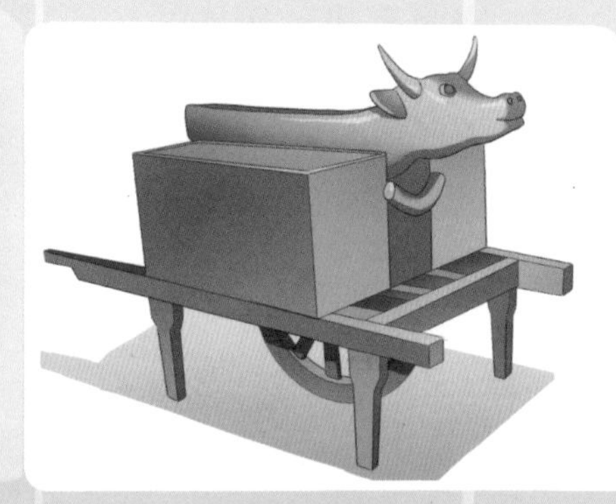

自行车

真正具有现代形式的自行车是在 1874 年诞生的，再经过不断的改进后变得稳定、平衡、安全，才得以大规模地生产和推广。充气轮胎自行车的出现，是自行车发展史上的一个创举，也使得自行车成为最成功的人体机械能应用工具之一。

Eta Speedbike

Eta Speedbike 是一款变速人力自行车，外壳采用碳纤维制成，不仅坚固，还轻巧省力，最高速度超 144 千米 / 时，是史上最快的人力自行车。

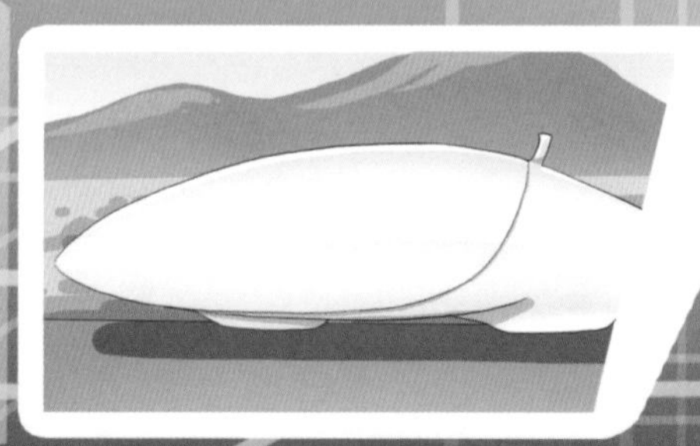

人力发电

人力发电就是将人体运动的动能转化为电能。如将人力发电设备安装到健身房、体育训练中心等的运动器械上，当健身、训练时，通过机械装置带动发电机发电，可以产生可观的电能。人力发电的妙用可多了，如“握力充电器”“发电鞋”“发电背包”“动作发电机”“发电披肩”“人体电池”等。

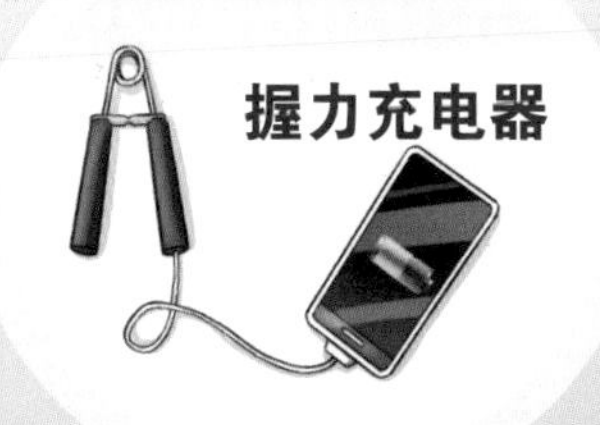
握力充电器

发电自行车

发电鞋

人群电场

利用地板发电系统，可在人流集中的地方收集人们走路、跳跃等运动产生的机械能，转化成电能。

地板发电系统

旋转门发电

针对商场、宾馆等人们进出频繁的场所，科学家还设计利用旋转门来收集人体机械能进行发电。

旋转门在转动的过程中，转动轴通过链条带动发电机组发电。

来挑战吧

好啦！前面介绍了那么多关于人体能的知识，相信你一定有所收获，来挑战一下吧！

1. 下列哪个选项对人体热能的描述不正确？（　　）

   A. 从吃进嘴里的食物获取
   B. 可以通过注射营养液、葡萄糖来获得
   C. 人体热能是人体散发出来的热能
   D. 静止和运动时散发出的人体热能相同

2. 下列哪个选项是对温差发电的错误描述？（　　）

   A. 使热能直接转化为电能
   B. 利用热能加热水产生蒸汽发电
   C. 热端和冷端的温度差影响发电效率
   D. 温差发电材料影响发电效率

3. 你玩过手摇发电玩具吗？思考一下，它是如何利用人体能的？

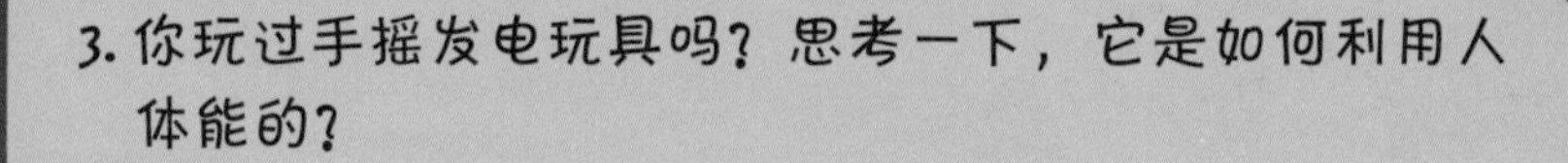

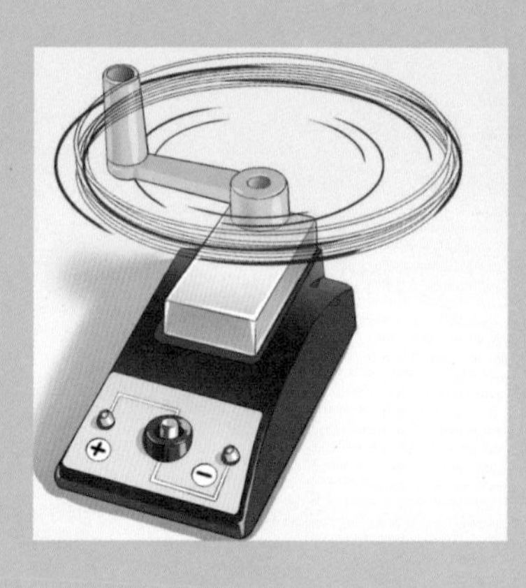

洁净煤技术

早在 2000 多年前人们就发现并使用煤炭，煤炭是长期以来人们赖以生活的能源之一。我国是煤炭大国，60% 以上的能源消耗依靠煤炭。但煤炭在燃烧时会带来诸多污染，因此洁净煤技术应运而生，给煤炭资源的开发、利用指引了方向。

传统煤炭利用

煤炭开采过程会污染环境，使原有的环境、生态系统遭受破坏，并存在安全风险。煤炭燃烧不仅会释放温室气体二氧化碳，还会产生如一氧化碳、一氧化氮、二氧化硫等有毒、有害气体和粉尘。它们是大气污染的元凶，是破坏环境的杀手。

洁净煤技术

洁净煤技术是对煤炭从开发到利用过程中以减少污染排放和提高利用效率为目的的加工、转化、燃烧和污染控制等新技术的总称。主要包括直接烧煤洁净技术、煤炭转化技术、矿区安全与环境治理等。

直接烧煤洁净技术

煤炭洗选

煤炭选洗在选煤厂中进行，主要是对煤炭进行分选、脱水、干燥等处理，以提高煤炭质量、利用效率，减少污染物排放，节约能源。

燃烧前的净化技术

燃烧前的净化技术主要有煤炭洗选、型煤加工、水煤浆加工等。

型煤加工

型煤加工是指用机械方法使煤粉成为具有一定粒度和形状的煤制品。型煤利用可提高燃烧效率，减少环境污染，改变单一煤种的性能缺陷，减少块煤需求。

水煤浆加工

水煤浆是一种低污染、高效率、廉价的新型煤基液态燃料，具有像石油一样的流动性和良好的稳定性，可作为代油、代气燃料。

燃烧中的净化技术

燃烧中的净化技术主要是流化床燃烧技术和先进燃烧器技术。其中流化床燃烧是把煤和吸附剂加入燃烧室的床层中，从炉底鼓风，使床层悬浮，进行流化燃烧。采用流化床燃烧技术可以提高燃烧效率，减少二氧化硫、氮氧化物的排放量。

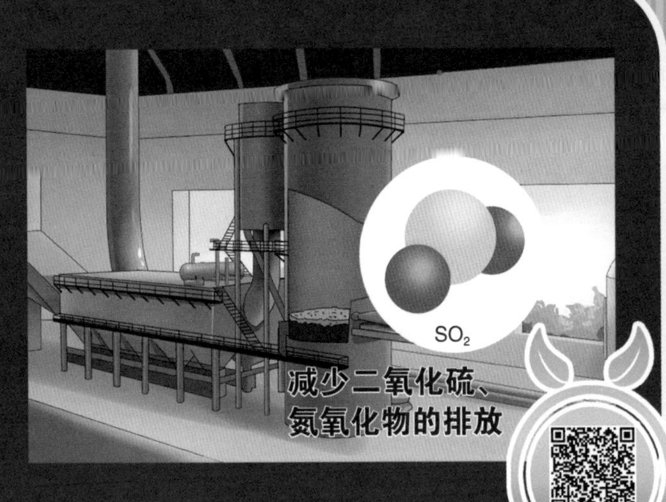

扫一扫，一起了解煤炭燃烧后的净化技术吧！

脱硫工序

利用消石灰乳喷淋含硫烟气，与二氧化硫反应而脱硫。

除尘器
脱硫后
$CaSO_4$
消石灰乳
$Ca(OH)_2$
通过除尘器
脱硫前
SO_2

烟气脱硫方法有多种，按吸收剂及脱硫产物在脱硫过程中的干湿状态可分为湿法、干法、半干（半湿）法。

脱氮氧化物工序

氮氧化物与氨反应生成氮气和水而被脱除。

NH_3
脱氮氧化物后的烟气
催化剂层
NO_x
N_2
H_2O
脱氮氧化物前的烟气

氮氧化物对环境的危害极大。烟气脱氮的方法主要有吸收法、吸附法、微生物法、电子辐射法和催化法等。

除尘工序

利用高压电磁场产生的静电力使尘粒荷电并从气流中分离出来。

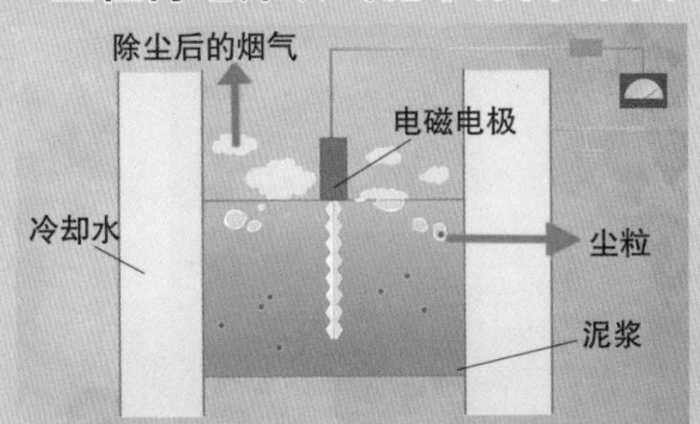

根据除尘设备的不同，可采用机械式除尘、湿式除尘、过滤式除尘、电除尘等。

燃烧后的净化技术

燃烧后的净化技术主要是烟气净化技术，对煤炭燃烧后产生的烟气采取除尘、脱硫、脱氮氧化物等措施。

煤炭气化原理和技术

煤炭燃烧，无论应用怎样的净化技术，总会或多或少排放出有害气体与其他污染物，那么能否使煤炭成为清洁能源呢？

- 根据气化剂的不同，煤气化技术生产出来的煤气主要有空气煤气、水煤气、混合煤气等。
- 水煤气是由蒸汽与灼热的无烟煤或焦炭反应而得，主要成分为氢气和一氧化碳，也含有少量二氧化碳、氮气和甲烷等。主要用作合成氨、合成液体燃料等的原料，或作为工业燃料的补充来源。

要使煤炭成为清洁能源，最有效的方法之一是将煤炭气化。煤炭气化是指利用特定的设备（如气化炉），在一定温度及压力下，使煤中的有机质与气化剂（水蒸气、空气/氧气或者它们的混合物等）发生一系列化学反应，将固体煤转化为气体和少量残渣的过程。

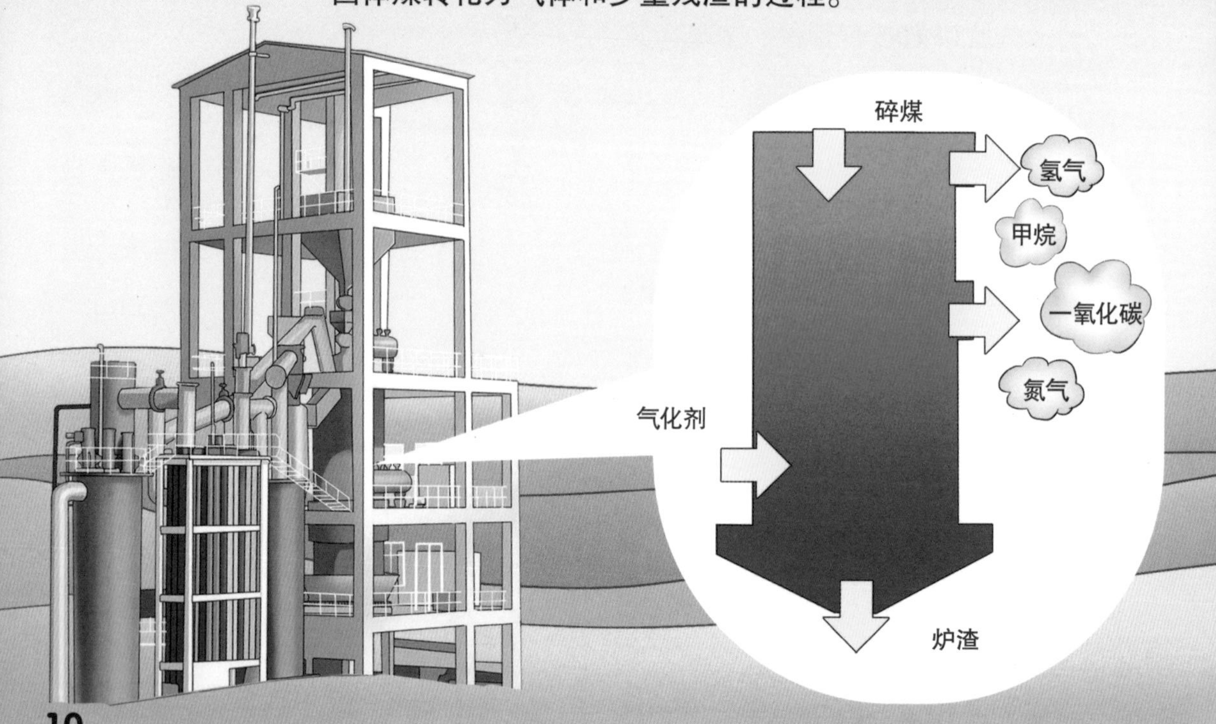

煤气的应用

民用煤气

可燃气体含量高，一氧化碳等有毒气体含量很低。

工业煤气

用以加热各种炉窑或直接加热产品（或半成品）。

煤气发电

对净化度，如粉尘及硫化物含量等要求很高。

除了用气化炉等设备，科学家们还开发了煤炭地下气化技术。该技术可以通过热化学反应，把深埋于地下的煤炭在原地转化为可燃气体，把有用的气体输送到地面加以利用，污染物等废物留在地下。目前，我国的煤炭地下气化技术仍处于工业试验阶段。

煤炭地下气化的优点及流程

减少地表下沉。

不需工人下井采掘，避免矿难事故中的人员伤亡。

减少对地面环境的破坏。

扫一扫，一起来进行煤炭地下气化吧！

无人采煤技术

煤炭的用途非常多，是人类重要的能源之一。然而，采煤又苦又累，还充满危险。有没有更科学的方法，既能帮助人类采煤，又能避免发生危险呢？有，那就是无人采煤技术。

无人采煤技术可以使工人不出现在回采工作面内，通过操控机电设备，完成工作面内的各项工序。

无人采煤技术不仅使工人摆脱了较危险的工作地点，提高了生产效率，并能使一些普通方法难以开采的煤层得以开发。

你知道吗

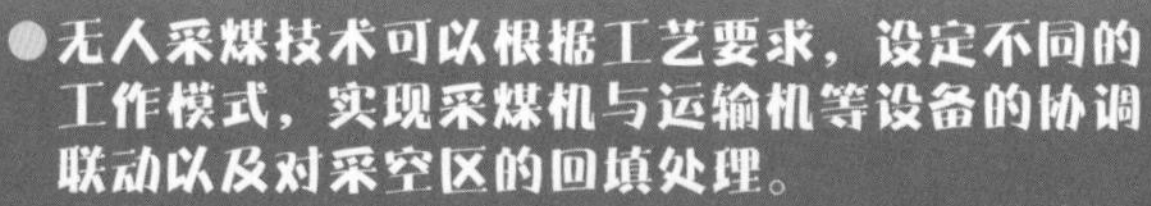

● 无人采煤技术可以根据工艺要求，设定不同的工作模式，实现采煤机与运输机等设备的协调联动以及对采空区的回填处理。

● 露天采煤也可以在一定程度上避免煤矿矿难的发生，但只适用于煤层埋藏不深的煤田。

无人采煤的方法很多，针对矿区不同的地质条件，可选用不同的设备，如采煤机采煤、水力采煤等。

煤锯采煤

适用于开采厚度为 0.3~5 米的围岩稳定的倾斜和急倾斜煤层。

适用于开采厚度为 0.8~2 米的中等及薄煤层。

采煤机可针对不同的煤层结构，装配不同的设备进行采煤。

螺旋钻机采煤

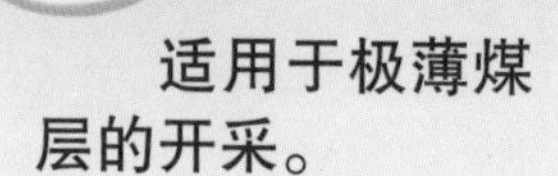

适用于极薄煤层的开采。

水力采煤利用高压水射流的冲击力破碎煤体，并借助水力介质来完成运输、分级、提升等工序。

水煤浆制备技术

为了更好地利用煤炭资源、减少污染、寻找替代品……科学家们不仅对煤炭的开采、使用、洁净等技术进行了研究，还开发应用了水煤浆技术。

水煤浆是由大约 65% 的煤、34% 的水和 1% 的添加剂通过一系列物理加工得到的新型煤基流体燃料。水煤浆的制备技术主要包括制浆煤种选择（原料煤要求成浆性好、燃烧性能好）、级配技术（按大中小不同等级配备颗粒煤）、制备工艺（预磨除灰等）、添加剂（分散剂和稳定剂）及制浆设备（专用机）等。

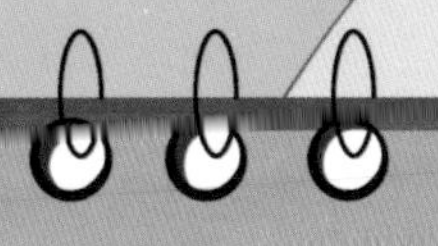
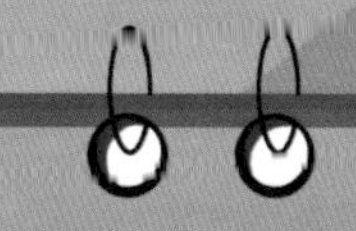

煤炭知识知多少！

1. 仔细观察，目前日常生活中，我们主要是如何应用煤炭资源的？

2. 目前世界范围内的环境污染很大程度上是由于能源利用引起的，这种能源主要是（　　）。

A. 风能

B. 电能

C. 化石能源

D. 太阳能

聪明的智能电网

传统电网是通过输电网、配电网将发电站、变电站、用户联结起来的网络，通过电力调度对电网进行统一管理，以实时调整电力供需平衡，保证发电与供电安全可靠。那么，什么是智能电网呢？它和传统电网又有什么不同？

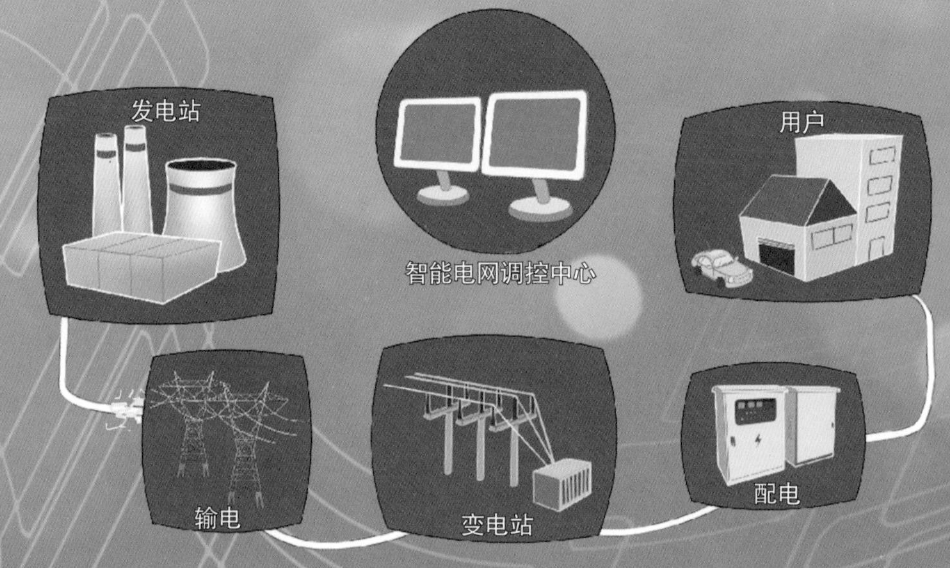

智能电网是传统电网的智能化，是由发电、输电、变电、配电、调度、用电等环节组成的有机整体，是现代科学技术发展的结果。特别是随着通信网络技术的发展，产生了集成的高速双向通信网络，利用该通信网络结合先进的传感和测量技术、设备技术、控制方法以及决策支持系统技术等，可实现智能电网的自动化运行。

你知道吗？？

- 进入 21 世纪，分布式电源迅猛发展。人们对分布式电源并网带来的技术与经济问题的关注，在一定程度上催生了智能电网。
- 智能电网是现代科学技术发展的结果，实现了电网运行可靠、安全、经济、高效、环境友好的目标，为电力供应单位和电力消费者带来巨大的效益。

智能监测设备

利用传感器和监控器对信息进行传输、处理、存储、显示、记录和控制等。

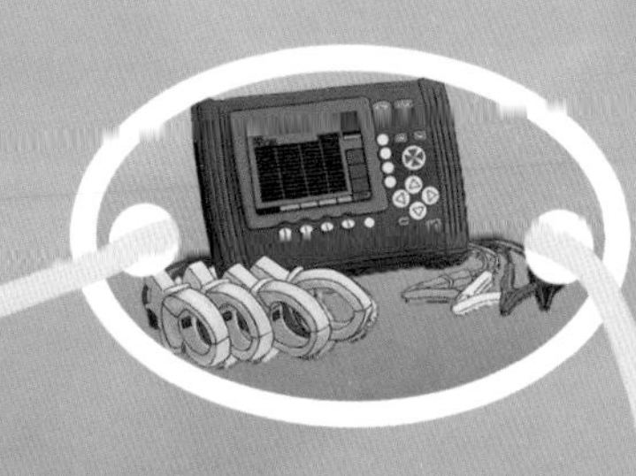

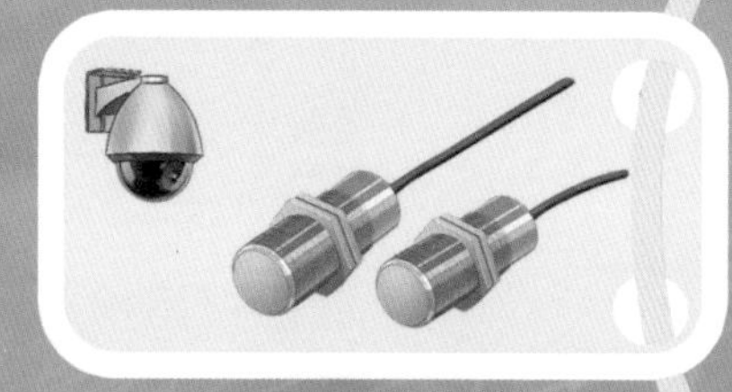

分析工具

分析检测到的数据，为电网优化提供数据支持。

智能电网被比喻为电力系统的“中枢神经系统”，通过智能监测设备、计量表、数字控件和分析工具等，自动监控电网，优化电网性能，减少停电次数。

计量表

测量在某一时间间隔内的用电量。

有效提升调度部门对并网电厂管理的标准化和流程化水平。

数字控件

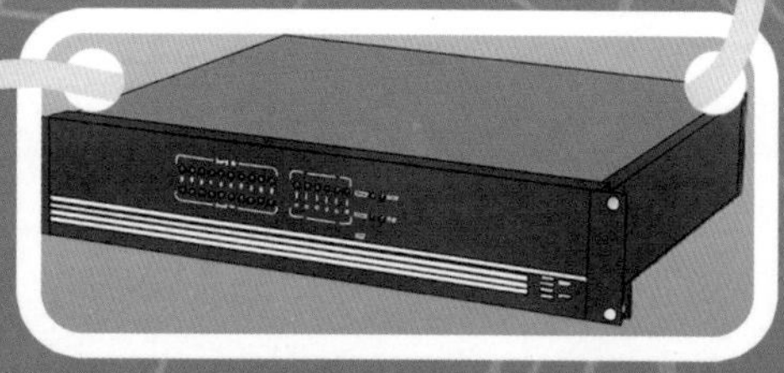

智能电网的“免疫系统”

智能电网的最大特点是电力和信息的双向流动性，实现自动化，使它拥有传统电网不具备的“特异功能”，比如可以“自愈”和“自动抵御攻击”，十分强大！

与传统电网不同，智能电网能“自愈”，拥有稳定和平衡的自我恢复机制，当出现故障时，不用干预即可自动隔离故障、恢复电网运行的功能。“自愈”是智能电网的“免疫系统”，是智能电网的重要特征。

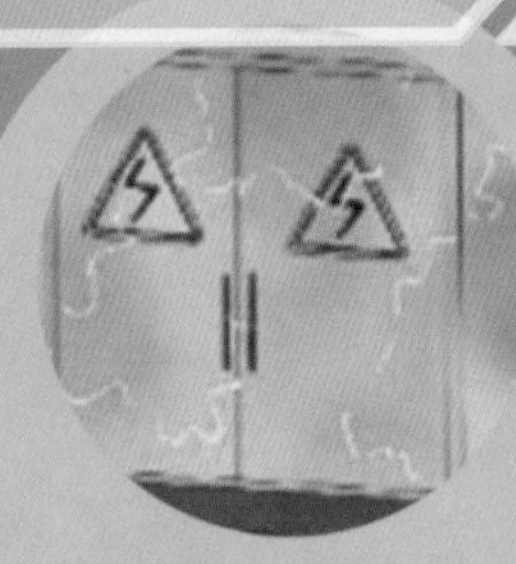

你知道吗

● 智能电网在运行中，能不断地进行在线自我评估，预测可能出现的问题。其自愈功能包括：及时快速判断电网可能出现的故障，尽快进行网络重构、调整保护定值、制定并实施补救措施以恢复供电；对电网设备进行在线监测，进行连续评估自测，及时检测安全隐患；对绿色和再生能源实现自动/自适应并网。

预测可能出现的问题！

自动修复电网或自动隔离故障，恢复电网运行！

智能电网在遭到外界攻击时，具有自动抵御攻击的能力，在被攻击后可快速恢复。智能电网能同时承受外界对电力系统的几个部分的攻击和在一段时间内的多重攻击。

● 智能电网中的变电站是数字化变电站。数字化变电站是智能电网中改变电压的场所，是智能电网的关键设备。数字化变电站通过信息采集、传输、处理、输出过程的完全数字化，实现设备智能化、通信网络化、运行管理自动化等要求。因此，数字化变电站是智能电网的物理基础，是智能电网建设中的关键设备，也是变电站发展的必然趋势。

“即插即用”的智能电网

智能电网能安全、无缝地容许各种不同类型的发电和储能系统接入系统，简化联网的过程，类似于电源插头可“即插即用”。

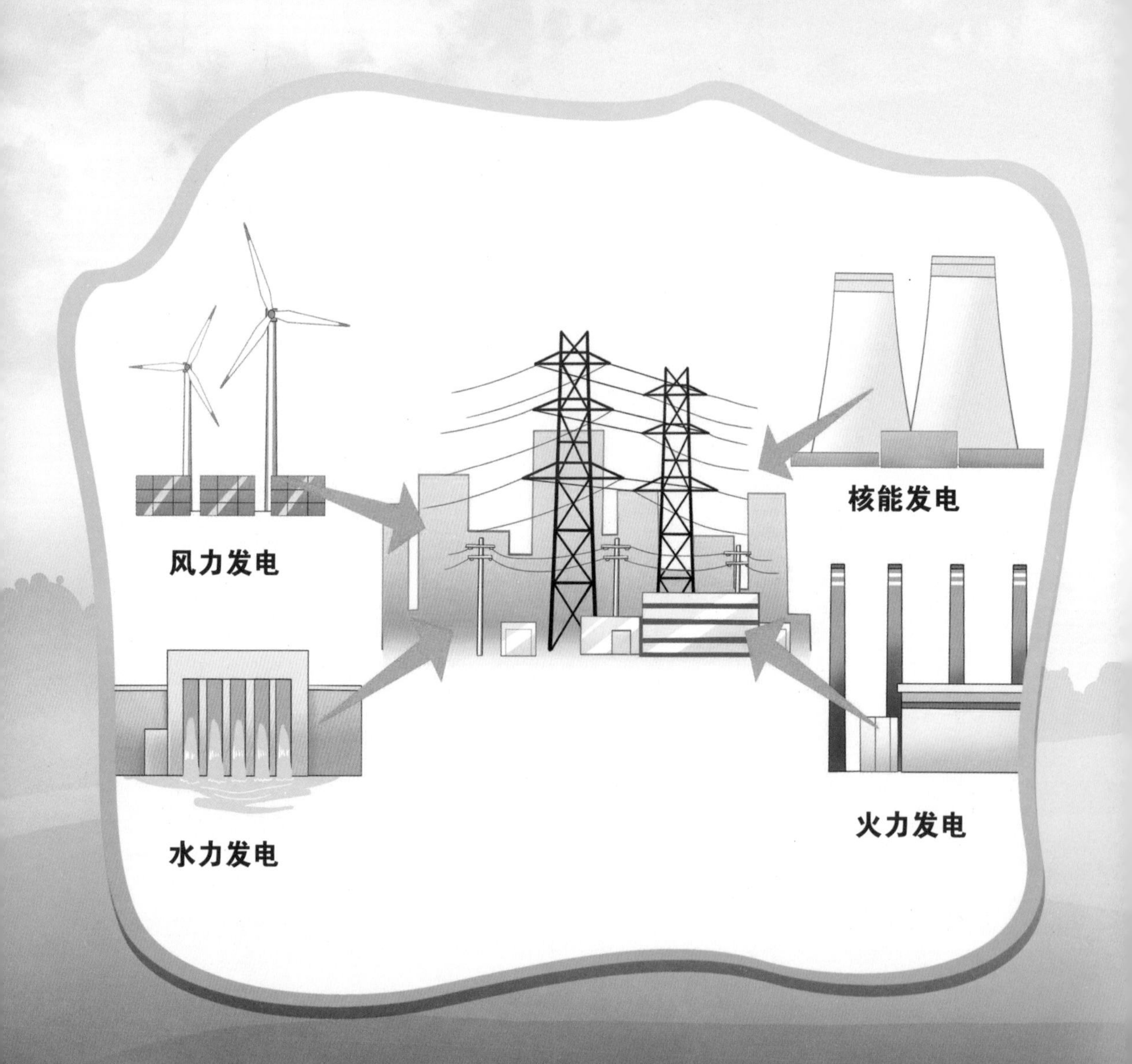

智能电表

在智能电网中，用户是电力系统不可分割的一部分。智能电网鼓励并促进用户参与电力系统的运行和管理。

智能电表是智能电网的智能终端，除具备用电量计量功能外，还具有用电信息存储、用户端控制、远程自动抄表、防窃电等智能化功能。

智能电网知识知多少！

1. 下列关于智能电网的说法错误的是（　　）。

   A. 完全不需要人工操作　　B. 使用自动化技术
   C. 可以减少能源消耗　　D. 能自愈的新型电网

2. 下列选项不属于智能电网特征的是（　　）。

   A. 免疫功能　　B. 自动抵御攻击
   C. 允许不同类型发电系统接入　　D. 生产电力

3. 下列对于智能电网的互动性描述错误的是（　　）。

   A. 用户是电力系统不可分割的一部分
   B. 智能电网鼓励并促进用户参与电力系统的运行和管理
   C. 智能电表可显示实时电力消费情况
   D. 用户可直接控制智能电网

异想天开的新能源

新能源的开发过程伴随着各种各样的“异想天开”。科学家们不仅关注能源领域，还从其他领域吸取经验和灵感，甚至利用自然现象（包括自然灾害），开发出一般人难以想象的新能源，比如微波能、雷电能、地震能、岩浆能等。

神奇的微波能

扫一扫，一起来揭秘食物是怎么被煮熟的吧！

微波是一种波长1毫米到1米的电磁波。家庭中常用的微波炉，就是利用微波能的典型例子。

你知道吗？

- 微波遇到金属会产生反射，但可以穿透玻璃、陶瓷、塑料等绝缘体，而遇到含有水分子的食物，包括蔬菜、肉类、粮食等，微波不但不能透过，其能量反而会被吸收。食物分子在高频磁场中产生振动，分子间互相碰撞、摩擦，剧烈的运动产生了大量的热能，于是食物被“煮”熟了，这就是微波炉加热食物的原理。
- 科学家提出可运用微波输电技术，将太空的发电装置获得的电能向地面传输。

除了我们常见的微波加热，微波能还可以应用在输电等领域。

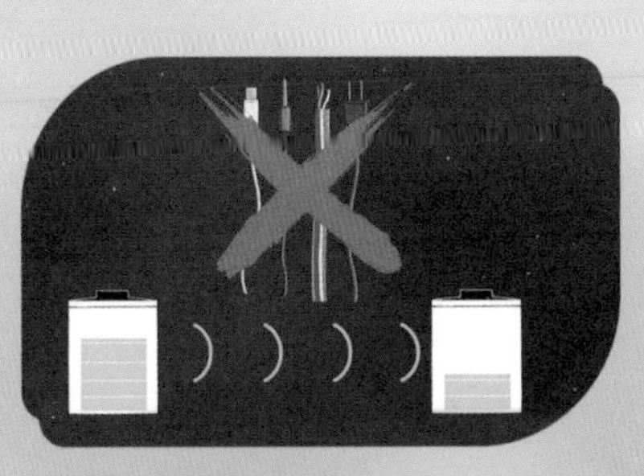

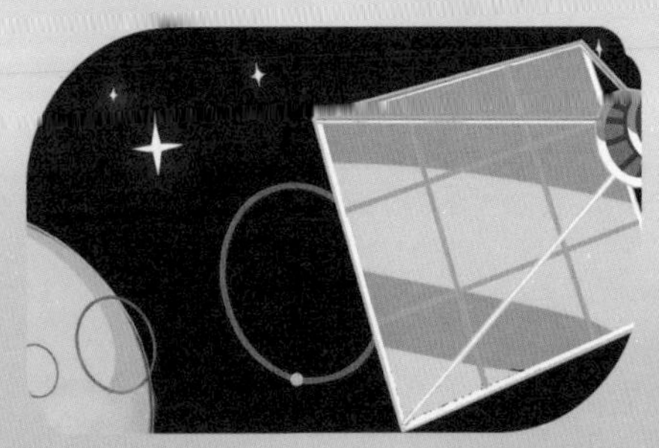

可省去金属导线，应用于宇宙微波输电。

微波输电的优点

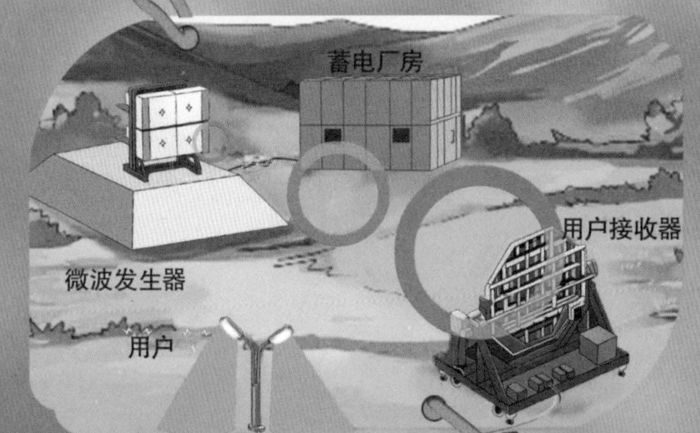

微波输电可以简化现用电力传输的结构。宇宙空间是微波理想的传输媒介，传输过程几乎没有能量损耗，微波通过大气层时的损耗约为 2%。

微波输电的缺点

微波输电应用前景十分广阔，但也存在一些缺点。

大功率微波会使人失眠、健忘、头疼等。

微波输电技术上还存在干扰通信等问题。

难以掌控的雷电能

古人对雷电等自然现象报以敬畏的心态。在近代科学发展起来后，科学家们开始对雷电展开研究，甚至希望开发雷电能为人类服务！

我的威能无比巨大！

雷电蕴藏着巨大的能量，雷击造成的树木及建筑物倒塌等危害事件时有发生。为预防雷击危害，聪明的人类发明了避雷针。

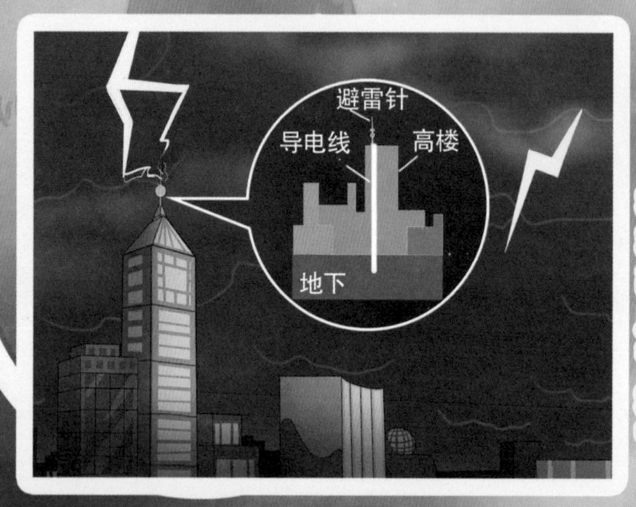

避雷针安装在建筑物最高处。当雷云与地面建筑物接近时，产生放电现象，由于避雷针是金属制成的，导电性能好，能把雷云中的电荷从空中传到地下，使建筑物避免遭到雷击。

雷电能的利用需像避雷针那样，利用金属引雷，但目前还存在许多困难。

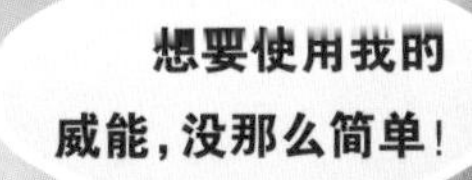

雷电地域分布广，难以捕捉。

你预测不到我的行踪！

雷电发生的时间难以预测。

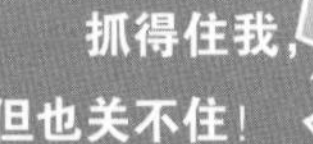

捕捉后的雷电储存利用难题未解决。

● 1752年的一天，富兰克林和他的儿子将装有金属杆的风筝放到了天空，进行捕捉雷电的科学实验。突然，一道闪电从风筝上掠过，富兰克林用手靠近风筝上的铁丝，他感受到了一股恐怖的麻木感。他大叫道：“我被电击了！”随后，他将风筝线上的电引入莱顿瓶中。此次实验的成功，证明了天上的雷电与人工摩擦产生的电具有完全相同的性质。当然，这种实验是很危险的，小朋友们不要轻易尝试哦！

● 莱顿瓶是一种用以存储静电的装置，在荷兰的莱顿城发明。作为原始形式的电容器，莱顿瓶曾被用来作为电学实验的供电来源，也是电学研究的重大基础。莱顿瓶的发明标志着对电的本质和特性进行研究的开始。

莱顿瓶

异想天开的地震能和岩浆能

在新能源的研究上，科学家们可谓是“上天入地，无所不能”，除了空中的雷电能、微波能，还瞄准了地下的地震能和岩浆能。

什么？地震和岩浆的能量也可以被利用吗？

● 地球上地震频繁，全球每年会发生地震500多万次。地震释放的巨大能量让许多科学家“想入非非”，想方设法地利用地震能。

地震能是指地震发生时释放出来的能量。地震能绝大部分以机械能和转换为热能的形式存在于震源区，少部分以地震波的形式向四外传播。

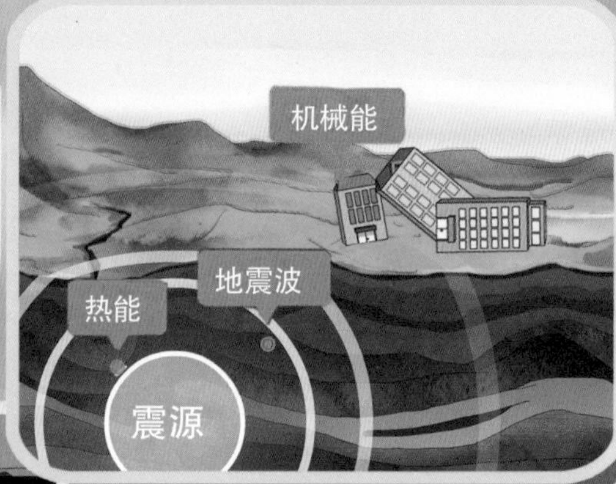

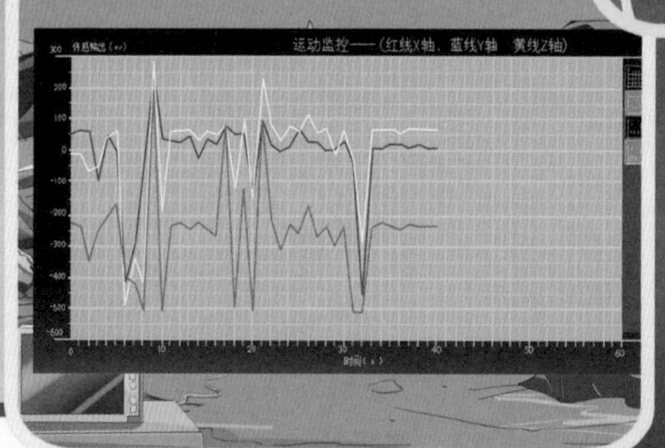

地震时释放的巨大能量能为人类所利用吗？现在技术能利用的还只是地震波，通过分析地震波可明确地震信息，预测火山喷发，对地下岩层的结构、深度、形态等做出判断。

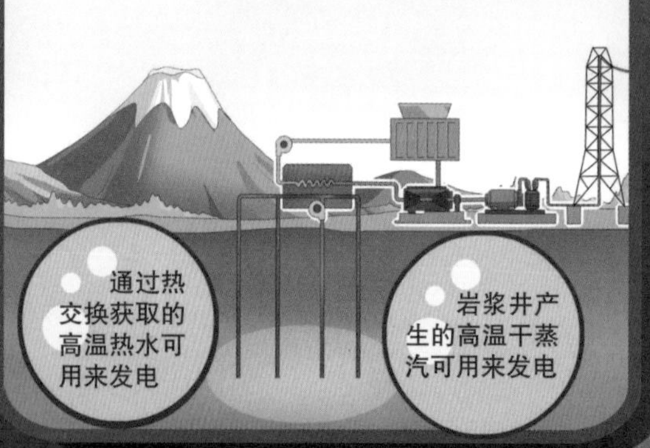

地震、火山喷发等活动有时会造成岩浆喷出。岩浆的热能贮藏非常丰富。岩浆能也可能成为新能源！

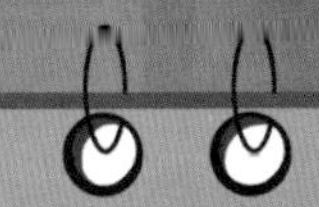

了解了这么多“异想天开”的新能源，来挑战一下吧！

1. 仔细观察家用微波炉加热食物所用器皿，说一说，为什么不能用金属类器皿？

2. 在中国的地震探测史中，有一个驰名中外的地震探测仪，叫作（　　）。

A. 浑天仪　　B. 候风地动仪
C. 航天探测仪　　D. 日晷

3. 下列哪个选项不属于对避雷针的描述？（　　）

A. 装在建筑物最高处
B. 金属制成
C. 能把雷云中的电荷从空中传到建筑物内
D. 使建筑物免遭雷击

4. 查找资料，了解微波在通信、军事工业等领域的其他应用。

微波通信塔

微波武器

太空新能源和重力能

航天技术的发展，使得人们的目光转向太空。太空里蕴藏的丰富的太阳能，一些星球具有的磁场，以及星球上的重力场，这些能为我们提供能源吗？

太空太阳能电站

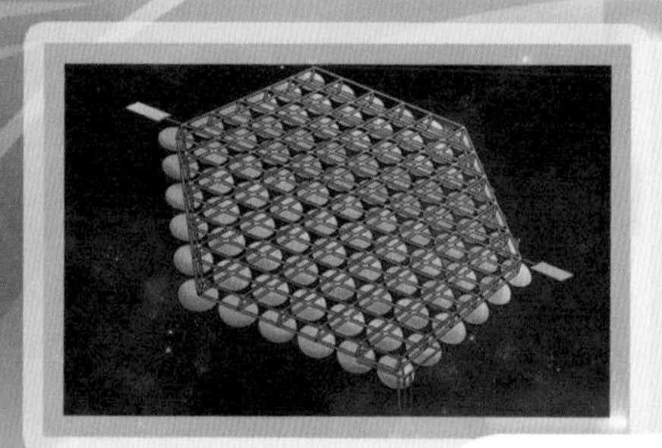

太空太阳能电站是指在太空中收集太阳能，将太阳能转化成电能，再通过无线输电方式将电能传送到地面的电力系统。

太阳能发电装置

太阳能发电装置将空间太阳能聚集起来，转换成电能。

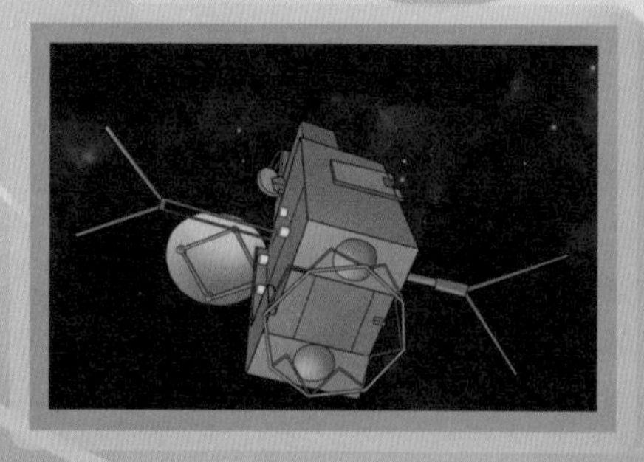

能量转换和发射装置

能量转换和发射装置将电能转换成含有能量的微波或激光束，用天线发射到地面。

你知道吗？？？

- 科学家还提出过在月球上建造太阳能电站的设想，生产的电力可供未来月球上的生产和生活所用，还可输送回地球。
- 当前，我国在太空太阳能电站研究方面初步实现从“跟跑”到“并跑”，成为国际上推动太空太阳能电站发展重要力量。

太空中阳光强度是地面的 5~10 倍，且太空的阳光强度不受天气、昼夜的影响。

优点

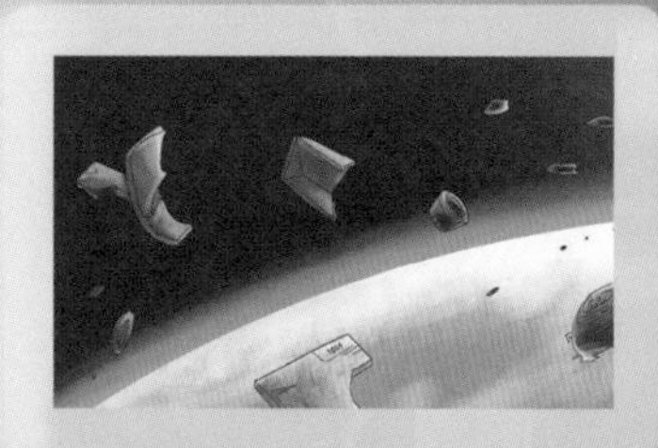

缺点

电站建在太空中，面临很多危险因素，特别是来自太空垃圾的撞击。

电能转化为微波辐射送回地面时，可能会对人或动物构成健康威胁。

航天飞缆和太空磁动机

除了太空太阳能电站，科学家们还利用星球磁场的磁力，研究航天飞缆和太空磁动机！

航天飞缆

航天飞缆是一种采用柔性缆绳将两个物体连接起来的缆索系统。按照科学家的设想，导电的航天飞缆以巨大的速度切割地球磁场的磁感线，飞缆中就会产生感应电流。

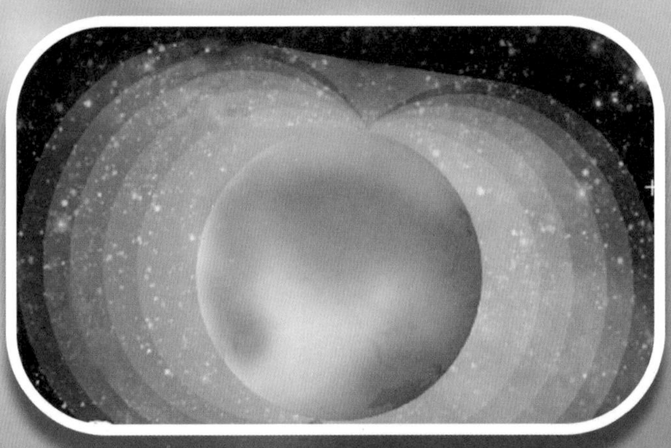

电磁感应现象

闭合电路的一部分导体在磁场中做切割磁感线的运动时，电路中就会产生电流，产生的电流称为感应电流，这种现象就是法拉第电磁感应现象。

航天飞缆的应用

为航天器提供电能作为动力源，削减所需的燃料量。

航天器利用航天飞缆提供的能量提升轨道高度。

能够帮助清理危险的太空垃圾。

世界上曾经有许多人想制造永动机，但是都失败了，原因是他们设计的永动机违反了能量守恒定律。然而太空中的磁力能来自星球，太空中的具有磁场的天体都蕴藏有磁力能，“太空磁动机”是将这些磁力能转换为人类需要的能量，它不是永动机，也没有违反能量守恒定律，是可以成功的。

磁动机构造

利用磁场作用，将磁力直接转换为动力

将磁铁经过恰当的排布后，能使得机器转轴在磁铁两极排斥或吸引的作用下运动起来（磁力做功）。

太空磁动机

太空中的磁力能来自星球，太空中一切具有磁场的天体都蕴藏有磁力能。科学家设想用太空磁动机利用太空中蕴藏的磁力能。

奇妙的重力能

日常生活中，重力能常常被人们所利用，可以说，重力能是人类最早使用的一种自然能源。

重力自行车装有重力传动装置，将人体向下的重力转变为水平的推力，来推动自行车前行，提高机械效率。

重力是由于地球的吸引而使物体受到的力，其方向总是竖直向下的。重力能也可当作能源使用。利用新技术开发应用重力能日益被人们所重视，出现了许多有关重力能应用的新发明、新设想。

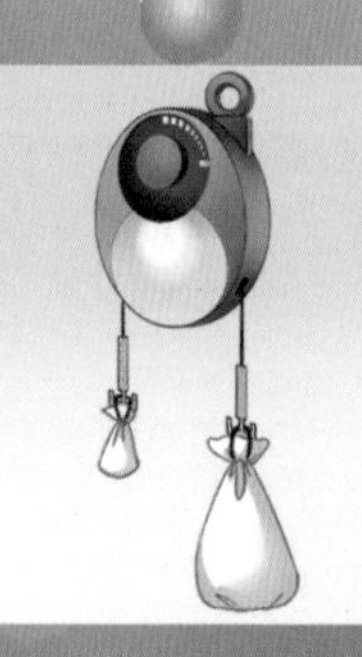

重力灯靠重力发电。灯上挂着的重物下落时，拉动灯内的发电装置产生电力，可用于不通电的贫困地区。

列车增设储能设备，利用列车下坡时释放的重力能来提高能源的利用效率。

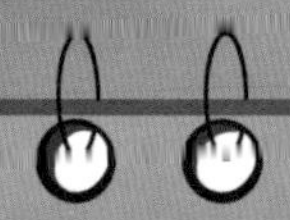

好啦！前面介绍了那么多关于新能源的知识，相信你一定有所收获，来挑战一下吧！

1. 收集关于法拉第电磁感应定律的资料，通过实验感受电磁感应现象。

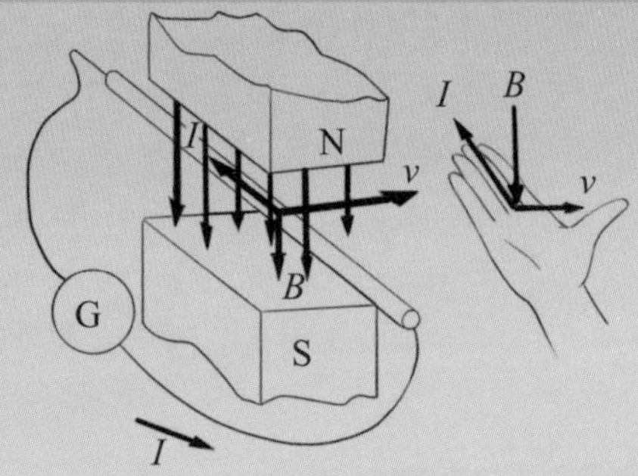

2. 动手查一查，了解一下美国“亚特兰蒂斯”号航天飞机所进行的航天飞缆试验。

3. 2010 年 11 月17日，欧洲核子研究中心的科学家们宣布，他们通过大型强子对撞机，成功“抓住”了反物质原子。查找资料，试着“异想天开”——人类是否能够向反物质要能源呢？

科学的低碳生活

在煤炭、石油、天然气等化石能源日益枯竭的今天，我们不仅需要开发各种新能源，也要从自身出发，倡导健康的生活方式——低碳生活。

碳源和碳足迹

低碳生活是指在生活中尽量减少能量的消耗，特别是降低二氧化碳的排放，以改善人类居住的环境，促进人与自然和谐相处，促进低碳技术、低碳经济的发展。要了解低碳生活，首先要弄清楚碳源和碳足迹是什么。

碳源是指空气中二氧化碳的来源。二氧化碳有三个重要的来源：第一，火力发电厂排放；第二，汽车尾气排放；第三，建筑排放。

碳足迹则是指个人或团体的行为所引起的温室气体排放的集合，即“碳排量”。

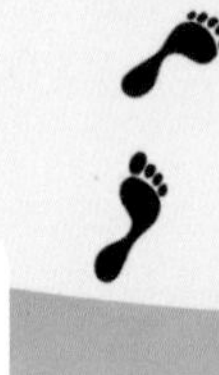

碳排放计算器

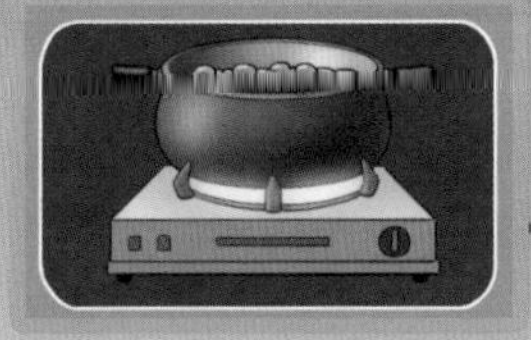

消耗 1 立方米天然气

相当于排放二氧化碳约 2.17 千克

乘坐飞机从北京到上海

相当于排放二氧化碳约 162 千克

消耗 1 升汽油

相当于排放二氧化碳约 2.25 千克

如何知道自己的“碳排量”呢？让碳排放计算器帮帮你吧！

了解了碳源和碳足迹，有助于科学地对自己的碳足迹进行一定程度的抵销和补偿。

人们可以通过植树的方式，“吸收”掉自己日常活动直接或间接制造的二氧化碳。一棵 30 年树龄的冷杉一年能吸收大约 111 千克二氧化碳。

低碳生活

要减少自己的“碳排量”，这就要求我们养成低碳生活的良好习惯！

低碳生活，从我做起

低碳生活是一种健康的生活方式，我们应该积极提倡并实践低碳生活，要注意节电、节水、节油、节气，以及对可再生资源的回收，从点滴做起。

- 科学的饮食结构，不但有利于身心健康，还能减少碳排量。
- 在生活中戒除大量使用塑料袋，一次性餐具等消费嗜好，不仅能节约资源，还能减少二氧化碳排放。

节能——“第五种能源”

节能被视为除石油、煤炭、水能、核能四种主要能源以外的“第五种能源”，它跟每家每户都有关，人人都可以开发利用。

使用智能化节电装置

智能化节电装置可对空调、水处理、电机、照明系统等进行科学有效的管理，达到节约电能和延长用电设备寿命的双重功效。

使用节能照明

白炽灯光效低、耗能大，满足不了节能要求，各类节能照明灯具应运而生，如节能灯、无极灯、发光二极管等。

推广建筑节能

在建筑物的规划、设计、改造和使用过程中，采用节能型技术、工艺、设备、材料和产品，提高保温隔热性能和采暖供热、空调制冷制热系统效率，减少供热、空调制冷制热、照明、热水供应等消耗。

资源的循环利用和垃圾分类

对资源进行循环利用，也是低碳生活的方式之一哦！

什么是资源的循环利用

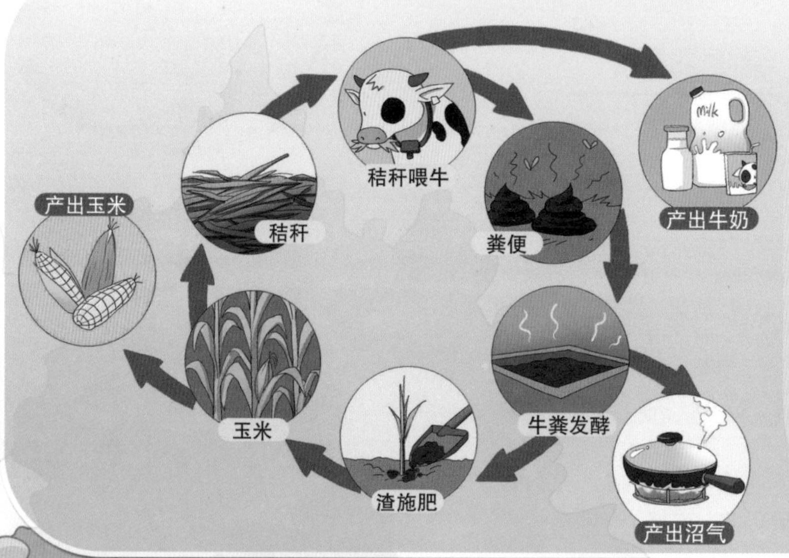

资源循环利用就是通过建立生产和生活中可再生资源的循环利用通道，实现资源的有效利用，达到节约资源的目的，同时减轻环境污染。

垃圾也是资源

垃圾是放错了地方的资源。对垃圾进行分类回收，可有效地实现对资源的循环利用。

可回收垃圾包括废纸、废塑料、废金属、废旧纺织物、废旧电器电子产品、废玻璃、废纸塑铝复合包装等。

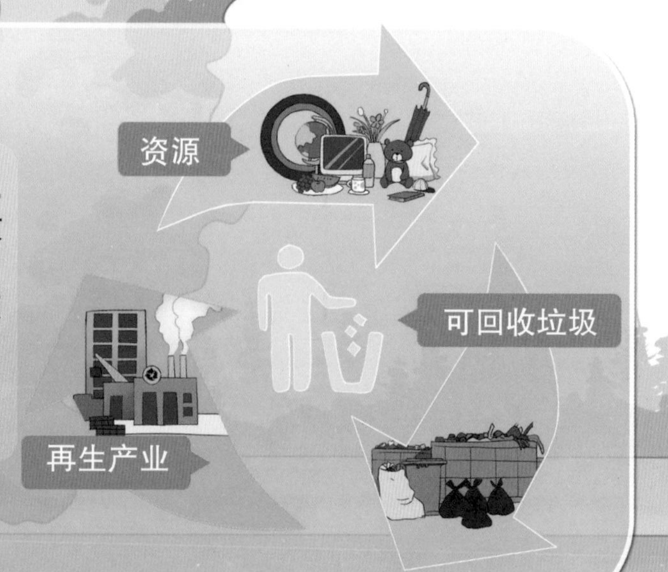

你知道吗

● 2019年7月1日，上海市进入了"垃圾分类强制时代"，这标志着垃圾分类在上海纳入了法制框架！上海市制定的生活垃圾分类类别共有四类，分别是有害垃圾、湿垃圾、可回收物、干垃圾。

有害垃圾
HAZARDOUS WASTE

有机溶剂类包装物　废药品
含汞废弃物　废电池

对人体健康或者自然环境造成直接或者潜在危害的生活废弃物

湿垃圾
HOUSEHOLD FOOD WASTE

蔬菜　瓜果　家庭绿化　加工类产品
鱼　碎骨　肉和内脏　剩饭剩菜

易腐垃圾，易腐的生物质生活废弃物

可回收物
RECYCLABLE WASTE

废玻璃制品　废金属　废塑料　废纸张
废纸板箱　废织物　废电器　废纸塑铝复合包装

适宜回收，可循环利用的生活废弃物

干垃圾
RESIDUAL WASTE

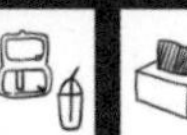

一次性餐具　餐巾纸　卫生间用纸　一次性尿布
污损塑料袋　污损纸张　灰土　大骨

其他垃圾，除可回收物、有害垃圾、湿垃圾以外的其他生活废弃物

● 每个城市的垃圾分类标准可能会有所不同，比如《贵阳市生活垃圾分类制度实施方案》中，将生活垃圾按四个类别处置：可回收物、有害垃圾、易腐垃圾、其他垃圾。

垃圾焚烧发电是使用特殊的垃圾焚烧设备，以城市垃圾和工业垃圾为燃料进行焚烧，用产生的热量加热锅炉中的水，使产生的水蒸气带动汽轮机发电。

哈哈，没想到吧！
我还可以发电！

低碳经济与节能

作为能源消耗大国，我国目前还存在较多的能源消费问题，因此，除号召人们实行低碳生活之外，国家也在推动“低碳经济”的发展！

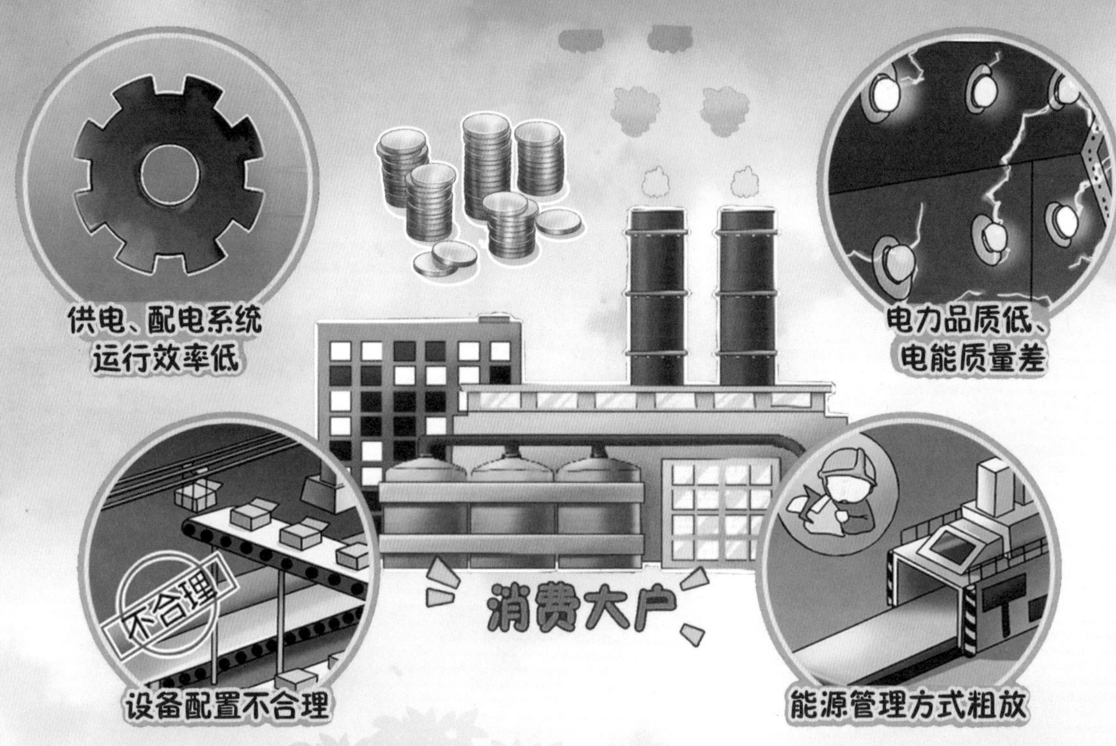

工业企业是我国能源消费大户，找出工业企业的能源损失及浪费的原因，采取相应的节能技术和开发节能产品，有效解决工业企业存在的能源消费问题至关重要。

- 2018 年，全球能源消耗同比增长 2.3%，几乎是 2010 年以来平均增长率的两倍，化石能源仍是世界的主导能源，能源效率改善乏力，与能源相关的二氧化碳排放量再创新高。
- 发展低碳经济是一场涉及生产模式、生活方式、价值观念和国家权益的全球性革命，已成为我国政府部门决策者的共识。如今，发展低碳经济不只是政府部门的事，而是关系到每个企业、每个人。

低碳能源系统

发展清洁能源，包括风能、太阳能、核能、地热能和生物质能等，替代煤、石油等化石能源，以减少二氧化碳的排放。

低碳经济是指通过技术创新、制度创新、产业转型和新能源开发等手段，尽可能地减少煤炭、石油等高碳能源消耗，减少温室气体排放的经济发展模式。

低碳经济

低碳技术应用

利用洁净煤等低碳技术进行化石能源减排，减少二氧化碳的排放。

低碳经济产业系统

利用火电减排、新能源汽车、节能建筑、工业节能与减排、循环经济、资源回收、环保设备、节能材料等节能技术减少二氧化碳的排放。

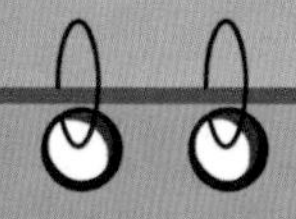

一起动动手，争做低碳生活达人！

1. 请仔细观察家里用的灯泡是否为节能灯泡，查找一下发光二极管等节能产品的资料。

2. 动手为家里的垃圾桶做好分类标识。

3. 大家一起动动手，给垃圾进行分类，连一连，将垃圾放入对应的垃圾桶中。